FORSCHUNGSBERICHTE DES LANDES NORDRHEIN-WESTFALEN

Nr 3191 / Fachgruppe Physik/Chemie/Biologie

Herausgegeben vom Minister für Wissenschaft und Forschung

Prof. Dr. rer. nat. Dr. sc. agr. Eckhard Schlimme
Dipl.-Ing. Dr. rer. nat. Siegmar Bornemann
Dipl.-Chem. Dr. rer. nat. Winfried Michels
Dipl.-Chem. Ingrid Clawin
Laboratorium für Biologische Chemie
im Fachgebiet Organische Chemie
Universität - Gesamthochschule - Paderborn

Kappenabbauende Enzymaktivitäten des Zellkerns

- Ein Beitrag zum biologischen
Recycling von Ribonucleinsäuren -

Springer Fachmedien Wiesbaden GmbH

CIP-Kurztitelaufnahme der Deutschen Bibliothek

Kappenabbauende Enzymaktivitäten des Zellkerns :
e. Beitr. zum biolog. Recycling von Ribonucleinsäuren / Eckhard Schlimme ... - Opladen :
Westdeutscher Verlag, 1984.

  (Forschungsberichte des Landes Nordrhein-
  Westfalen ; Nr. 3191 : Fachgruppe Physik,
  Chemie, Biologie)

NE: Schlimme, Eckhard [Mitverf] ; Nordrhein-
Westfalen: Forschungsberichte des Landes ...

ISBN 978-3-531-03191-0    ISBN 978-3-663-06756-6 (eBook)
DOI 10.1007/978-3-663-06756-6

© 1984 Springer Fachmedien Wiesbaden
Ursprünglich erschienin bei Westdeutscher Verlag GmbH, Opladen 1984

**Herstellung: Westdeutscher Verlag**

Inhalt

1. Einleitung und Problemstellung
2. Chemische Synthesen
2.1 Darstellung kappenstrukturierter Dinucleotide
2.2 Darstellung kappentragender Nucleinsäure-Fragmente
2.3 Darstellung von Adenylyl-(5'-2')-5'-adenylsäuren
3. Biologische Untersuchungen
3.1 Isolierung von Rattenleber-Zellkernen
3.2 Abbau kappenstrukturierter Dinucleotide
3.3 Abbau von Adenylyl-(5'-3')- und Adenylyl-5'-2')-5'-adenylsäuren mit 5'-terminaler $Gp_3A$-Kappe
3.4 Hemmung der $Gp_3A$-Spaltung in Anwesenheit von Adenylyl-(5'-2')-5'-adenylsäuren
4. Biochemische Schlußfolgerungen
5. Literatur

## 1. Einleitung und Problemstellung

Im Zellkern reifen die primären RNA-Transkripte über eine Vielzahl von Reaktionsstufen zu den verschiedenen funktionsfähigen RNA-Species heran, der Boten-RNA (mRNA), ribosomalen RNA (rRNA), der Transfer-RNA (tRNA) und der niedermolekularen RNA (snRNA oder URNA). Über diese posttranskriptionale Prozessierung vor allem der mRNA war bis 1975 nur sehr wenig bekannt [1 - 4].

Neben dem Spleißen - also dem Zerschneiden und Zusammenfügen des RNA-Primärtranskriptes - werden im Verlaufe des Reifungsvorganges auch beide Enden der RNA chemisch verändert. Das 3'-Ende wird von der PolyA-Polymerase mit einer aus etwa 150 bei 200 AMP-Molekülen bestehenden PolyA-Kette verlängert. Das Signal für die Polyadenylierung gibt die Hexanucleotidsequenz AAUAAA, die etwa 10 bis 30 Nucleotide vor Beginn des PolyA-Segmentes auftritt [2 - 6]. Diese PolyA-Kette spielt möglicherweise für den Transport der ausgereiften mRNA ins Cytoplasma eine Rolle [7] und verleiht der mRNA eine größere Stabilität gegenüber dem Angriff cytoplasmatischer Enzyme [2, 3].

Die Existenz besonderer Nucleinsäurestrukturen am 5'-Terminus von RNA ist seit 1974 bekannt. Zuerst wurde über ein trimethyliertes Guanosin ($m_3^{2,7,7}$Guo) am 5'-Ende niedermolekularer nuclearer RNA (URNA) berichtet [8], das über eine 5',5'-Pyrophosphatbrücke mit einem 2'-O-methylierten Adenosin verknüpft ist. Ähnliche Strukturen wurden in eukaryotischer und viraler mRNA von verschiedenen Arbeitsgruppen nachgewiesen [9 - 18]. Bei diesen als Kappen ("caps") bezeichneten Nucleinsäurestrukturen handelt es sich chemisch um 5',5'-triphosphatverbrückte spezifisch methylierte Nucleoside. Sie werden je nach Methylierungsgrad in drei Klassen eingeteilt:

Kappe 0 ("cap 0")     $m^7Gp_3N$

Kappe 1 ("cap 1")     $m^7Gp_3N^m$

Kappe 2 ("cap 2")     $m^7Gp_3N^mpM^m$

---

$m^7G$ : 7-Methylguanosin

N,M : Adenosin (Ado), Guanosin (Guo), Cytidin (Cyd), Uridin (Urd)

$N^m, M^m$ : 2'-O-Methylnucleosid

Abbildung 1 zeigt das Modell einer ausgereiften eukaryotischen mRNA mit einer 5'-terminalen Kappe vom Typ 1.

Abb. 1   Modell einer eukaryotischen mRNA (nach Shatkin, pers. Mitteilung)

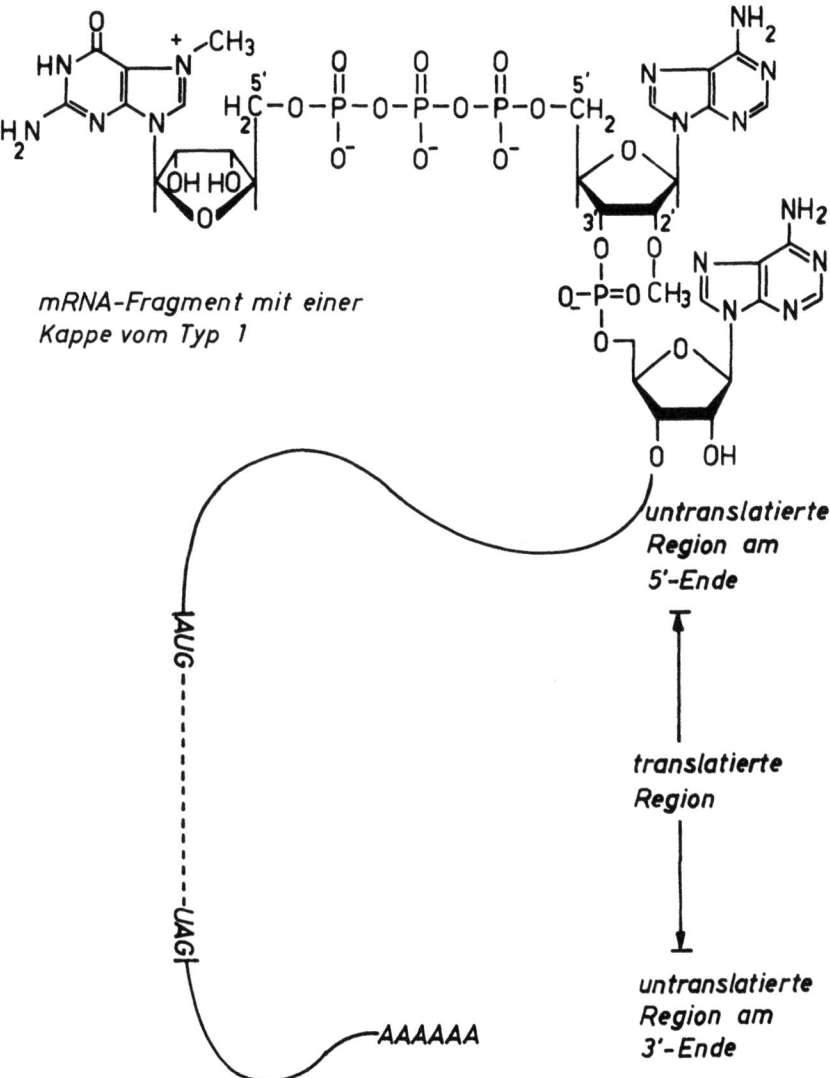

Die Bildung der Kappen ist ein frühes Ereignis im
Verlaufe der RNA-Reifung [19, 20] und wird durch
verschiedene Enzyme - u.a. Guanyltransferasen und
Nucleotidphosphohydrolasen - katalysiert [1 und
dort zit. Lit.]. Während der RNA-Prozessierung
kommt es zur Anhäufung von heterogener nuclearer
RNA (hnRNA; "precursor"-RNA), die nicht methylierte
Kappen ($Gp_3N$) tragen. Die verschiedenartigen Methy-
lierungen werden in einem späteren Reifungsstadium
von spezifischen Methyltransferasen mit S-Adenoysl-
methionin an der fertigen Kappe katalysiert [1, 4
und dort zit. Lit.].

Die biologische Bedeutung der 5'-terminalen Kappe liegt
einmal in der höheren Translationseffizienz [21 - 23],
die sich insbesondere aus der spezifischen Methylierung
der Kappen und der dadurch bedingten Kappenkonformation[24],
sowie den angelagerten kappenbindenden Proteinen - vor
allem dem 24 Kilodalton-Polypeptid ("cap binding protein"
= CBP) - [1, 25] herleitet.
Zum anderen schützt die ribonucleaseresistente 5'-terminale
Kappe die hnRNA sowohl im Verlaufe der RNA-Reifung im
Zellkern als auch die spätere ausgereifte mRNA im Cytoplasma
vor schnellem 5'-3'-exonucleolytischen Abbau [26 - 30].
Nach Abbauuntersuchungen mit Reoviren-mRNA mit Weizenkeimextrakten kann diese Schutzwirkung auch von der unmethylierten Kappe ($Gp_3N$) ausgeübt werden [31].
Im Verlaufe des Abbaus von nicht mehr "benötigter"
cytoplasmatischer mRNA wie "überschüssiger" nuclearer
RNA müssen Enzyme existieren, die in der Lage sind,
Kappen zu spalten bzw. kappengeschützte RNA abzubauen
[1 und dort zit. Lit.]. Andernfalls würden sich Kappen
und kappentragende RNA-Fragmente im Zellkern wie im
Cytoplasma anhäufen und die biologische Funktionsfähig-
keit der Zelle gefährden.

Entsprechend der enzymatischen Ausstattung und je nach
Stoffwechsellage wird der Organismus die Abbauprodukte
von Kappenstrukturen - methylierte bzw. nicht methylierte
Nucleotide, Nucleoside und Nucleobasen - eliminieren oder
als Synthesevorstufen im Sinne eines "Biologischen
Recycling" reutilisieren.

Im Verlaufe dieser Studie wurden radioaktiv markierte
kappenstrukturierte Dinucleotide und kappentragende
5'-3'- bzw. 5'-2'-verknüpfte Oligonucleotide chemisch
synthetisiert und als Modellverbindungen für Kappen,
kappentragende RNA bzw. RNA-Fragmente auf ihre katabolen
Eigenschaften gegenüber nucleolytischen Aktivitäten in
isolierten Rattenleberzellkernen untersucht.


## 2. Chemische Synthesen

### 2.1 Darstellung kappenstrukturierter Dinucleotide

Für die Darstellung der 5',5'-verknüpften Dinucleosidtriphosphate 1 - 10 (Tabelle 1, [32]) erwies sich die
Imidazolidaktivierung [33 - 36] einer Nucleotidkomponente
mit Carbonyldiimidazol als wesentlich günstigere Methode
im Vergleich zu anderen Präparationsverfahren wie beispielsweise der Aktivierung mit Phosphorsäurediphenylester-
chlorid nach Michelson [37] oder der Kondensation mit
N,N'-Dicyclohexylcarbodiimid nach Khorana und Todd [38].
Die beiden letztgenannten Verfahren lieferten nur geringe
Ausbeuten an kappenstrukturierten Dinucleosidtriphosphaten
[39, 40]. $Gp_3G$ (2) und $Ap_3A$ (10) waren ebenfalls durch
Kondensation von 5'GDP bzw. 5'ADP mit den Imidazoliden
der entsprechenden Nucleosid-5'-monophosphate zugänglich,
wobei die Imidazolide in nahezu quantitativer Ausbeute über
die Redoxkondensation mit Triphenylphosphan und
2,2'-Dipyridyldisulfid in Gegenwart von Imidazol [41, 42]
erhalten wurden [43].

Tabelle 1
Kappenstrukturierte Dinucleosidtriphosphate

| Dinucleosidtriphosphate | | $B_1$ | $B_2$ | $R_1$ | $R_2$ | $R_3$ |
|---|---|---|---|---|---|---|
| 1  | $Gp_3A$        | Guanin      | Adenin          | OH     | OH | OH |
| 2  | $Gp_3G$        | Guanin      | Guanin          | OH     | OH | OH |
| 3  | $2'dGp_3A$     | Guanin      | Adenin          | H      | OH | OH |
| 4  | $Ip_3A$        | Hypoxanthin | Adenin          | OH     | OH | OH |
| 5  | $2'dGp_32'dG$  | Guanin      | Guanin          | H      | OH | H  |
| 6  | $2',3'ddGp_3A$ | Guanin      | Adenin          | H      | H  | OH |
| 7  | $2'-O-mGp_3A$  | Guanin      | Adenin          | $OCH_3$ | OH | OH |
| 8  | $m^7Gp_3A$     | Guanin      | 7-Methylguanin  | OH     | OH | OH |
| 9  | $Ip_3G$        | Hypoxanthin | Guanin          | OH     | OH | OH |
| 10 | $Ap_3A$        | Adenin      | Adenin          | OH     | OH | OH |

Bei der Synthese der Verbindungen 1 - 10 wurde die als Monophosphat eingesetzte Komponente, beispielsweise Adenosin-5'-0-monophosphat (5'AMP), als Tri-N-octylammonium (TNOA)-Salz in wasserfreiem Dimethylformamid (DMF) mit einem 5-fach molaren Überschuß an 1.1'-Carbonyldiimidazol - bezogen auf das eingesetzte 5'AMP - zum 5'AMP-imidazolid umgesetzt. Wird nach einer Aktivierungsdauer von etwa 20 Stunden das überschüssige 1,1'-Carbonyldiimidazol nicht - wie üblich - mit Methanol zerstört, so kommt es nach Zugabe des TNOA-Salzes eines

Nucleosid-5'-0-diphosphates (5'NDP) durch eine
zusätzliche Aktivierung der zweiten Nucleotidkomponente
zwar zu einer Erweiterung der Produktpalette (Abb. 2)
aber auch zu einer Ausbeuteerhöhung an Zielprodukt
$Np_3A$ (N = Adenosin, Guanosin, 2'dGuanosin, 2',3'ddGuanosin,
Inosin, 2-0-Methylguanosin, 7-N-Methylguanosin) [32,39].

**Abb. 2**  Produktspektrum bei der Synthese von
Dinucleosidtriphosphaten vom Typ $Np_3A$

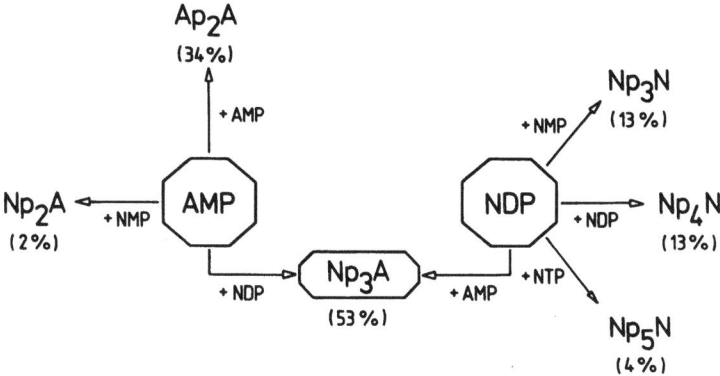

(5'AMP voraktiviert; 5'NDP als zweite Komponente; ohne
Desaktivierung von 1,1'-Carbonyldiimidazol; Zielprodukt:
$Np_3A$)

Darüber hinaus zeigte sich, daß das Produktspektrum
bei dieser Aktivierungsart über das molare Verhältnis
der eingesetzten Nucleotide zu steuern ist, wobei ein
AMP/NDP-Verhältnis von etwa 1 : 2 am günstigsten war.
Die Trennung der Verbindungen erfolgte säulenchromato-

graphisch direkt aus den Reaktionsansätzen über DEAE-Cellulose mit einem Triethylammoniumbicarbonat(TBK)-Puffer, pH 7,5, (0,2-0,6 M) als Elutionsmittel. Eine Charakterisierung der chromatographisch und elektrophoretisch einheitlichen Komponenten (1 - 10, Tabelle 1) erfolgte einerseits durch UV- und $^{31}$P-NMR-Spektroskopie und andererseits konnte durch Kombination von enzymatischen und chemischen Analysenverfahren - PDE-Spaltungsverhalten, 5'-Nucleotidase-Spezifität und Perjodat-Spaltung - sichergestellt werden, daß die 3'- und/bzw. 2'-Hydroxylgruppen in freier Form vorlagen [32]. Die radioaktive Markierung der Verbindungen vom Typ Np$_3$A gelang durch Verwendung von $^{14}$C- bzw. $^3$H-markierten Nucleotiden.

## 2.2 Darstellung kappentragender Nucleinsäure-Fragmente

Über die Synthese kappenstrukturierter Oligoribonucleotide wurde in der Literatur bisher nur aus dem Arbeitskreis von Hata berichtet [44]; diese Autoren stellten ein Dinucleosiddiphosphat mit 5'-terminaler Phosphatgruppe nach der Triestermethode [45] dar und kondensierten dieses mit $P^1$-(S-Phenyl)-$P^2$-(7-methylguanosin)-5'pyrophosphothioat als aktivierter Komponente.

Wir haben die kappentragenden Oligoribonucleotide 11 - 13 (Abb. 3) durch Aktivierung der zuvor synthetisierten Adenylyl-(5'-3')-5'-adenylsäuren mit und ohne 2',3'-terminale Isopropyliden-Schutzgruppe 14, 15 (Abb. 4) sowie der Adenylyl-(5'-2')-5'-adenylsäure (16) zu den entsprechenden 5'-Imidazoliden und abschließender Kondensation mit 5'GDP erhalten [46, 47].

Adenylyl-(5'-3')-5'-adenylsäure (14) und 2',3'-O-Isopropylidenadenylyl-(5'-3')-5'-adenylsäure (15) wurden nach der Phosphit-Triestermethode dargestellt.

Abb. 3

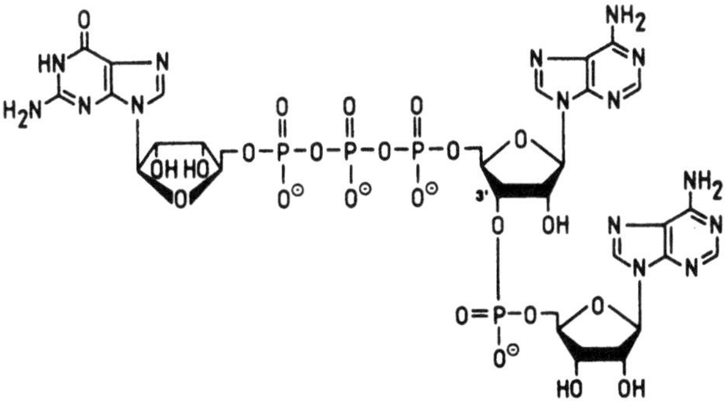

11  Gp₃A3'pA

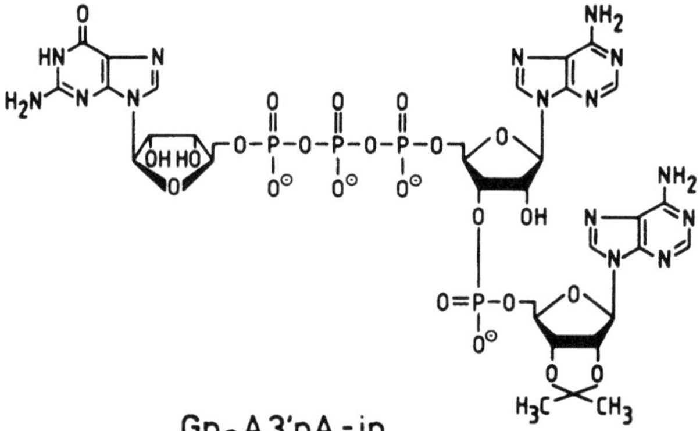

12  Gp₃A3'pA-ip

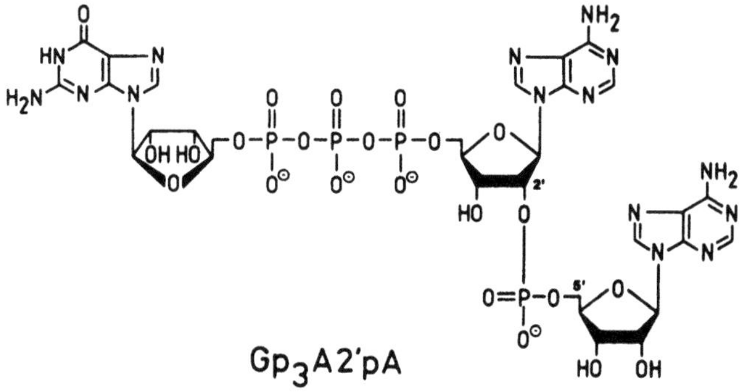

13  Gp₃A2'pA

Adenosin wurde mit Bis(2,2,2-trichlorethyl)-
chlorphosphat in Gegenwart von 4-(Dimethylamino)-
pyridin als Katalysator regioselektiv zu 5'-Adenylsäure-
bis(2.2.2-trichlorethyl)-ester umgesetzt und anschlie-
ßend die freien 2'- und 3'-Hydroxylgruppen mit tert.-
Butyldimethylsilylchlorid in Pyridin in die 2'-O- sowie
3'-O-tert.-butyldimethylsilyierten Derivate übergeführt.
Die Ausbeute an 2'-Isomeren (17) lag bei 45 %, an
3'-Isomeren (18) bei 26 %. Die Trennung beider Isomeren
erfolgte an Kieselgel. Das 2'-Isomere (17) wurde nach
der Phosphit-Triestermethode [42, 48] mit 2',3'-O-
Isopropylidenadenosin zur vollständig geschützten Zielverbindung 19 umgesetzt.
In einer anderen Synthese wurde Adenosin in 5'-O-Acetyl-
adenosin übergeführt und durch 4-fach molaren Überschuß
an tert.-Butyldimethylsilylchlorid zum 5'-O-Acetyl-2',
3'-O-bis(tert.-butyldimethylsilyl)-adenosin umgesetzt,
das nach Entacylierung mit dem 2'-Isomeren (17) unter
den Reaktionsbedingungen der Phosphit-Triestermethode
zur geschützten Zielverbindung 20 umgesetzt wurde.
Beide vollständig geschützten Dinucleosiddiphosphate 19
und 20 liegen als Diastereomerenpaare vor [46, 47].
Adenylyl-(5'-2')-5'-adenylsäure (16) wurde aus 5'AMP-
Imidazolid durch Pb(II)-Katalyse gemäß [49, 50] erhalten
(siehe Abschnitt 2.3). Die abschließende Darstellung der
bioanalogen RNA-Modell-Fragmente 11 - 13 erfolgte durch
Verknüpfung mit 5'GDP nach Aktivierung der entschützten
Dinucleotide 14 und 16 mit 1,1'-Carbonyldiimidazol (siehe
Abschnitt 2.1) bzw. nach Aktivierung von 15 mit Triphenylphosphan, 2,2'-Dipyridyldisulfid und Imidazol zum entsprechenden Na-Salz des Imidazolids. Die zuletzt beschrit-
tene Aktivierung führte zu einer beträchtlichen Ausbeuteerhöhung von 12.
Die radioaktive Markierung der Zielverbindungen 11 - 13
gelang durch Verwendung von $^3$H-GDP.

Abb. 4

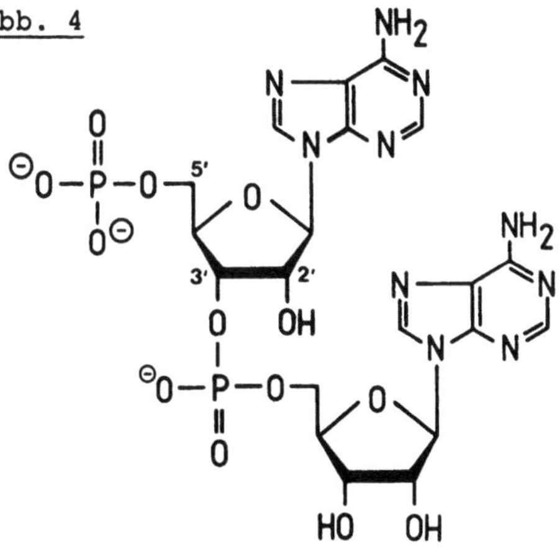

14  pA3'pA

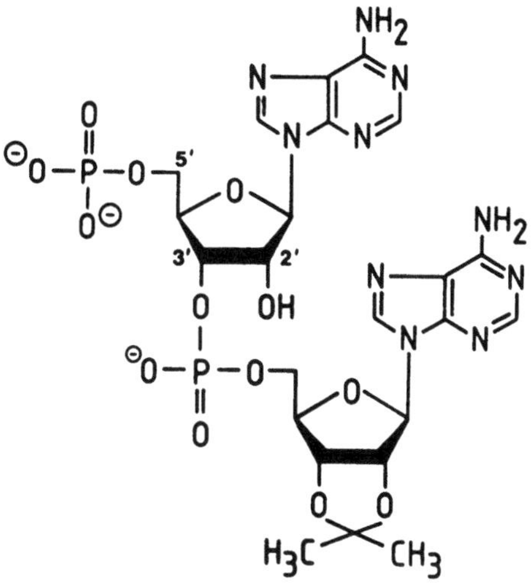

15  pA3'pA-ip

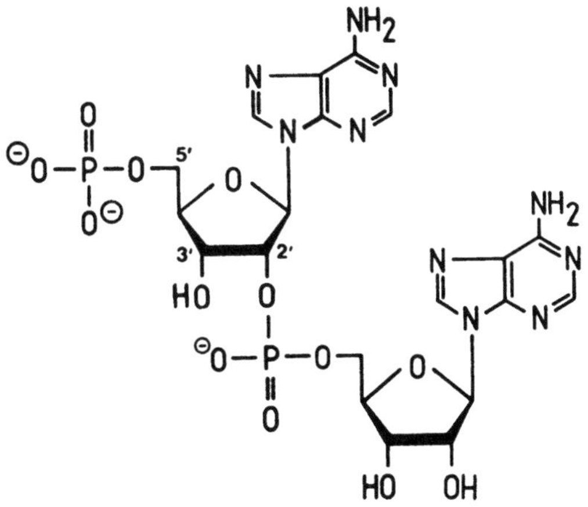

16  pA2'pA

Abb. 5

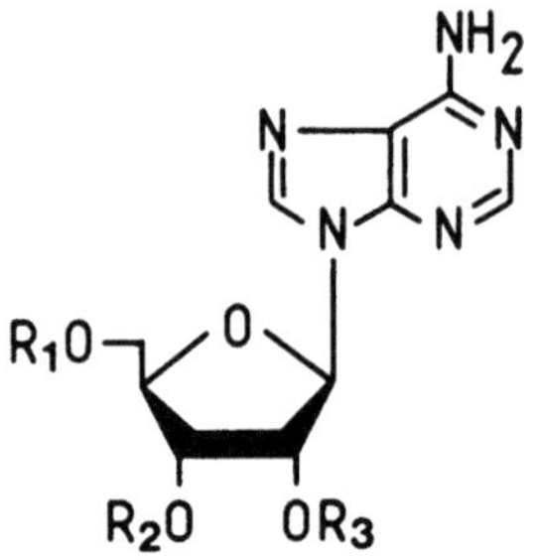

|    | $R_1$ | $R_2$ | $R_3$ |
|---|---|---|---|
| 17 | Si(CH$_3$)$_2$–C(CH$_3$)$_3$ | H | PO(O-CH$_2$-CCl$_3$)$_2$ |
| 18 | H | Si(CH$_3$)$_2$–C(CH$_3$)$_3$ | PO(P-CH$_2$-CCl$_3$)$_2$ |

Abb. 6

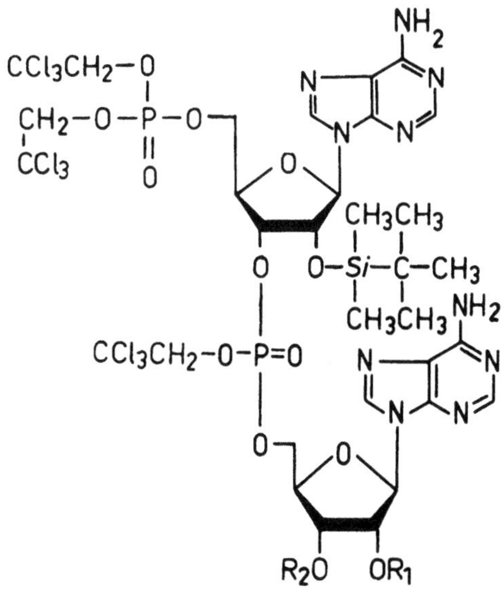

[Structure: dinucleotide with CCl₃CH₂-O-P(=O)(O-CH₂CCl₃)-O-CH₂- attached to ribose bearing adenine, with 2'-O-Si(CH₃)₂-C(CH₃)₃ (tert-butyldimethylsilyl) group, linked via 3'-O-P(=O)(OCH₂CCl₃)-O-5' to second adenosine with 2'-OR₁ and 3'-OR₂]

|    | R₁ | R₂ |
|----|----|----|
| <u>19</u> | C(CH₃)₂ | |
| <u>20</u> | Si(CH₃)₂<br>\|<br>C(CH₃)₃ | Si(CH₃)₂<br>\|<br>C(CH₃)₂ |

2.3 <u>Darstellung von Adenylyl-(5'-2')-5'-adenylsäuren</u>

Die Synthesen von (5'-2')-Oligoadenylsäuren mit
5'-terminaler Phosphat-, Triphosphat und Gp₃A-Kappe
<u>21</u> - <u>23</u> (Abb. 6) gelangen durch eine von Lohrmann und
Orgel [50] beschriebene Blei(II)-Ionen-katalysierte
Kondensation von Adenosin-5'-monophosphorsäureimidazolid

in neutraler, wässriger Lösung [46, 47-51]. Die
Aufarbeitung des Reaktionsansatzes ergab 18 % an Zielverbindung 21 und 7 % an 22. Längerkettige Oligoadenylsäuren wurden nicht charakterisiert. Der Anteil an
(5'-3')-Oligoadenylsäuren betrug im Reaktionsansatz
weniger als 5 %. Durch Behandlung mit Nuclease P1
(Penicillium citrinum, E.C. 3.1.30.1) gelang der spezifische Abbau dieser (5'-3')-Oligoadenylsäuren.

5'AMP-Imidazolid war aus 5'AMP durch Aktivierung mit
Triphenylphosphan, 2,2'-Dipyridyldisulfid und Umsetzung
mit Imidazol in quantitativer Ausbeute zugänglich.
Nach Aktivierung mit 1,1'-Carbonyldiimidazol (siehe
Abschnitt 2.1) konnten die Adenylyl-(5'-2')-5'-adenylsäuren 21 und 22 mit dem TNOA-Salz des Pyrophosphats zu
den Zielverbindungen 23 und 24 und mit dem TNOA-Salz
des 5'-GDP zu den Zielverbindungen 25 und 26 umgesetzt
werden (25 ≙ 13, siehe Abschnitt 2.2).

Abb. 7

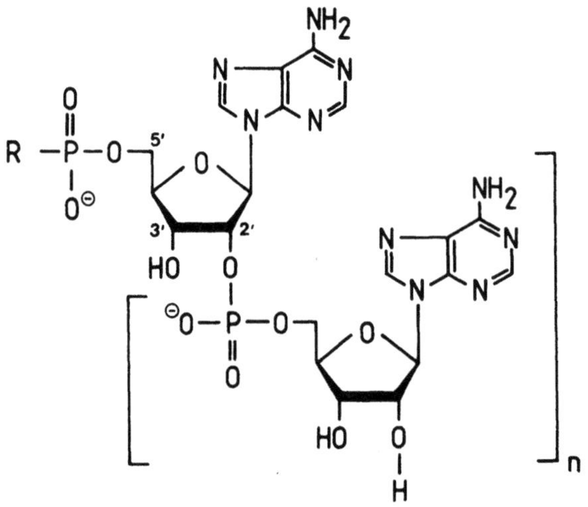

|    |            | n | R |
|----|------------|---|---|
| <u>21</u> | pA2'pA | 1 | OH |
| <u>22</u> | pA2'pA2'pA | 2 | OH |
| <u>23</u> | p$_3$A2'pA | 1 | $\text{O-P(=O)(OH)-O-P(=O)(OH)-OH}$ |
| <u>24</u> | p$_3$A2'pA2'pA | 2 | $\text{O-P(=O)(OH)-O-P(=O)(OH)-OH}$ |
| <u>25</u> | Gp$_3$A2'pA | 1 | GDP |
| <u>26</u> | Gp$_3$A2'pA2'pA | 2 | GDP |

## 3. Biologische Untersuchungen

### 3.1 Isolierung von Rattenleber-Zellkernen

Die Isolierung der Nuclei erfolgte nach einer im Arbeitskreis Jungblut entwickelten Methode zur Zellkernpräparation aus Schweineuteri [52], die auf die Isolierung von Zellkernen aus Rattenleber (Ratten, männlich, 130 - 160 g, Stamm Bor: WISW/SPF TNO, Kleintierzuchtbetrieb F. Winkelmann, 4799 Borchen) zugeschnitten wurde [53].

Eine detaillierte Beschreibung der Isolierungsschritte zeigt das Fließbild (Abb. 9). Restaktivitäten von Mikrosomen waren auszuschließen, da die Zellkerne abschließend durch einen Triton X 100-haltigen Puffer filtrationszentrifugiert wurden. Abbilung 8 zeigt zwei repräsentative Zellkern-Präparate ohne und mit Triton X 100-Behandlung.

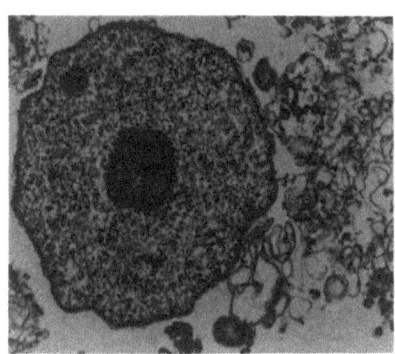 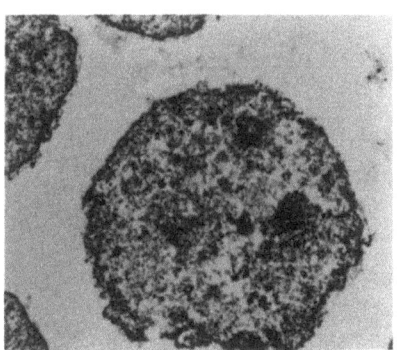

a  b

Abb. 8   Zellkerne aus Rattenleber
a) ohne Triton X 100-Behandlung
b) mit Triton X 100-Behandlung
(Elektronenmikroskopische Aufnahme
erfolgte durch Prof. P. Jungblut,
MPI für Experimentelle Endokrinologie,
Hannover) - Vergr. x 10000 -

Die Bestimmung des Proteingehaltes erfolgte nach der
Biuretmethode. Die DNA-Bestimmung wurde wie in der
Literatur beschrieben [54, 55] durchgeführt. 10, 30
und 50 µl der jeweiligen Nucleuspräparation wurden
mit 500 µl 5 mM NaOH und 500 µl 1M $HClO_4$ versetzt
und 15 min bei $70°$ C hydrolysiert. Test: Die Proben
wurden mit 2 ml Farbreagenz (0.1 ml Acetaldehydlösung
- 16 mg Acetaldehyd in 1 ml Wasser - werden in 20 ml
einer frisch bereiteten Lösung von 1.5 g Diphenylamin
in 100 ml Eisessig und 1.5 ml konz. Schwefelsäure gegeben), 13 Std. bei $35°$ C im Dunkeln inkubiert, die
Extinktion bei $\lambda$ = 578 nm ( $\lambda$ max = 595 nm) bestimmt
und mit Hilfe einer Eichgeraden ausgewertet. Die DNA-
Standardlösung enthielt 0.4 mg DNA (Kalbsthymus-DNA
10 mg/3.4 ml, Boehringer, Mannheim) in 1 ml 5 mM NaOH.
In den Untersuchungen wurden jeweils 50 µl einer Nuclei-

Suspension - mit Protein (4 mg x ml$^{-1}$); DNA (0.7 mg x ml$^{-1}$) - eingesetzt.

<u>Abb. 9</u>   Fließbild Zellkernpräparation [53]

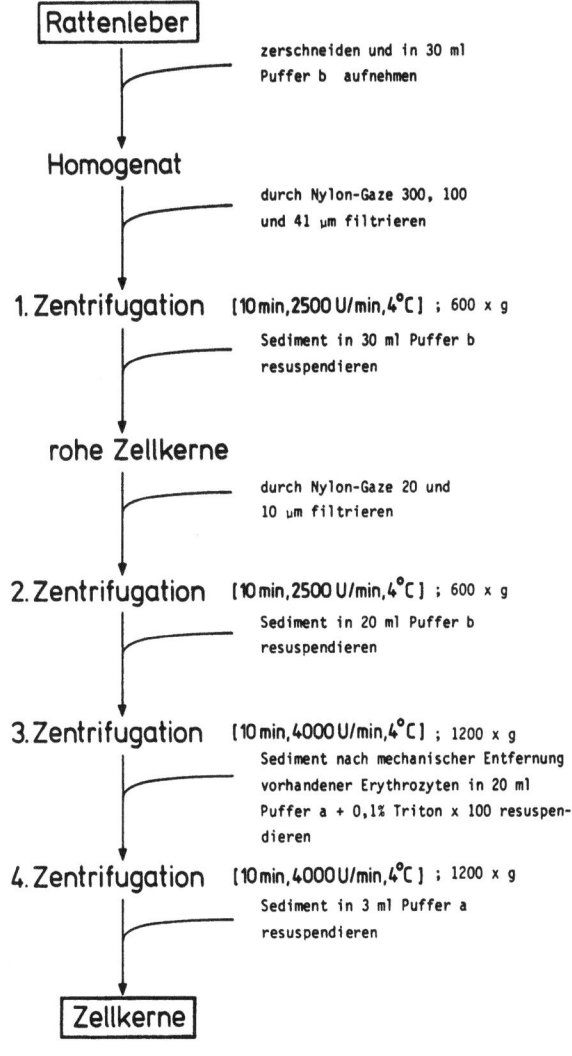

## 3.2 Abbau kappenstrukturierter Dinucleotide

In Abbauversuchen der Kappenmutterverbindung Gp$_3$A* mit der rohen Zellkernfraktion und anderen subzellulären Fraktionen der Rattenleberzelle konnte nachgewiesen werden, daß nucleolytische Aktivitäten, die kappenstrukturierte Dinucleosidtriphosphate spalten, insbesondere im Bereich des Nucleus vorkommen [39, 40]. Aufgrund von Ergebnissen, die im Arbeitskreis von Harris um 1963 erhalten wurden [56], war unser Befund nicht überraschend. Mit reinen Zellkernen wurde deshalb diesen ersten Hinweisen nachgegangen und radioaktiv markierte Kappenanaloga, die wie Gp$_3$A das Strukturmerkmal des 5'-Terminus von kappentragender RNA (heterogene nucleare RNA, hnRNA, und Messenger-RNA, mRNA) enthalten, auf ihr kataboles Verhalten untersucht [53]. Darüber hinaus wurde der Bedeutung des Ribofuranosidsystems und der 2',3'-cis-Diolgruppe mit Analoga nachgegangen, die Ribosemodifizierungen im Guanosinteil der Kappe trugen.

In die Abbauversuche wurden die in der folgenden Tabelle 2 aufgelisteten jeweils im Adenin radioaktiv markierten (*) Kappenanaloga eingesetzt.

---

* $^{14}$C-markiert

Tabelle 2

Eingesetzte Kappenanaloga

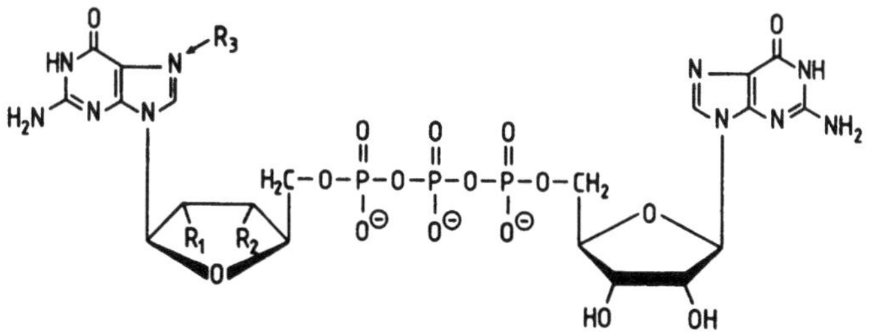

| Kappenanalogon | | $R_1$ | $R_2$ | $R_3$ | spezifische Aktivität cpm × nmol$^{-1}$ |
|---|---|---|---|---|---|
| 1 | Gp$_3$A* | -OH | -OH | - | 1024 |
| 3 | 2'dGp$_3$A* | -H | -OH | - | 562 |
| 6 | 2',3'ddGp$_3$A* | -H | -H | - | 837 |
| 7 | 2'-O-mGp$_3$A* | -OCH$_3$ | -OH | - | 604 |
| 8 | m$^7$Gp$_3$A* | -OH | -OH | -CH$_3$ | 909 |

Der Abbau der Dinucleotide 1, 3 sowie 6 - 8 mit Rattenleberzellkernen wurde (a) unter hypotonischen Bedingungen in 0.001 bzw. 0,05 M Triethanolamin × HCl-Puffer (Tra-HCl, pH 7,2) und (b) unter isotonischen Bedingungen in 0,44 M Sucrose-Puffer bei 25° C über eine maximale Inkubationszeit von 30 Minuten verfolgt. Alle Abbauexperimente wurden unter Bedingungen der Substratsättigung ausgeführt. Inkubationsansatz: Gesamtvolumen 150 µl; die in die jeweiligen Abbauversuche eingesetzten Nuclei enthielten zwischen 0,14 bis 0,18 mg Protein bzw. 10.3 bis

13.2 µg DNA; die eingesetzte Menge an Kappenanaloga lag bei 30 nmol je Ansatz. Zu jeder Versuchsreihe wurde ein Parallelversuch mit $Gp_3A$ durchgeführt, damit die Abbaukurven der verschiedenen Dinucleotide normierbar waren. Nach unterschiedlichen Inkubationszeiten wurden Aliquots des Ansatzes entnommen und zunächst in 5 µl 15-prozentiger Perchlorsäure denaturiert, vom ausgefällten Protein abzentrifugiert und mit 0,1 M NaOH bzw. Kaliumhydrogencarbonat neutralisiert. Es erfolgte eine dünnschichtchromatographische Auswertung [53], wobei die Zuordnung der $^{14}C$-markierten Spaltungs- und Abbauprodukte 5'ADP, 5'AMP und Adenosin mit authentischen radioaktiven Vergleichssubstanzen mit Hilfe eines TLC-Analyzer (Berthold, Wildbad) gelang. Der Befund, daß kein $^{14}C$-Inosin nachzuweisen war, zeigte, daß - im Vergleich zu der rohen Zellkernfraktion [40] - die aufgereinigten Nuclei von Adenosindesaminase frei waren. In Abbauexperimenten mit Zellkernen, die in Triton X 100 (0,1 %)-haltigem Puffer b zentrifugiert worden waren (Fließbild Abb. 9), entstand neben 5'ADP und 5'AMP nur wenig Adenosin, so daß die in den Nuclei-Präparaten vom Typ a (Abb. 8) vorhandene Phosphataseaktivität auf noch nicht vollständig entfernte Mikrosomen zurückzuführen war.

Die enthaltenen Befunde sind in den Abbaudiagrammen (Abb. 10 und 11) dargestellt [39,53].

Abb. 10

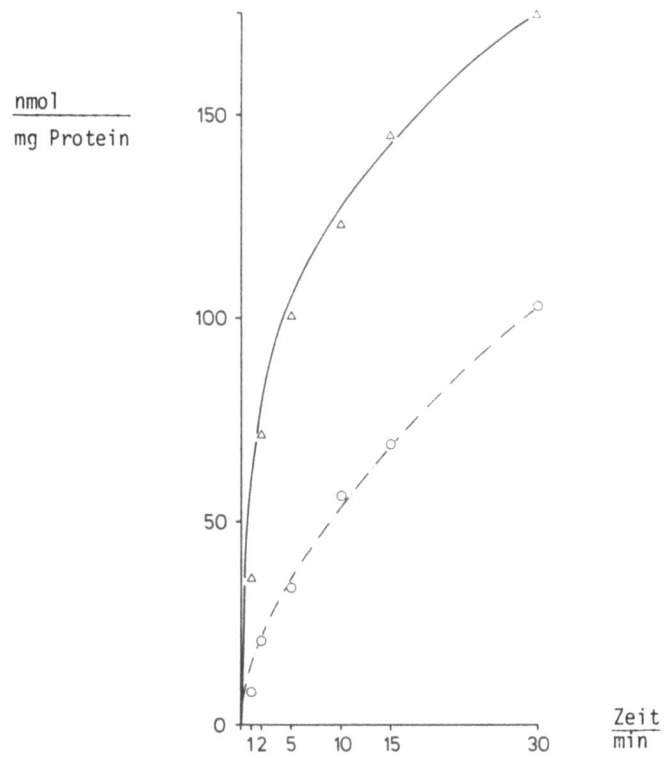

Abbauverhalten von 2',3'ddGp$_3$A* (o) im Vergleich zu
Gp$_3$A* (Δ) bei Inkubation mit Rattenleber-Nuclei
(* $^{14}$C-markiert)


Die Reziprokdarstellung der Abbaukurven (wie beispielhaft
in Abb. 10 dargestellt) erlaubt die Prüfung auf signifikante
Unterschiede im Abbauverhalten verschiedener kappenstrukturierter Dinucleotide. Abb. 11 zeigt, daß sämtliche Meß-
werte des Abbaus von 2'-O-mGp$_3$A innerhalb des 95-prozentigen

Vertrauensbereichs (gestrichelte Linien) der Regressionsgeraden von $Gp_3A$ liegen. Beide Verbindungen verhalten sich gegenüber Nucleasen des Zellkerns somit bioisoster; das trifft dagegen nicht für die Dinucleotide $2'dGp_3A$, $2',3'ddGp_3A$ und das riboseringoffene $rroGp_3rroA$ [39, 40] zu.

Abb. 11

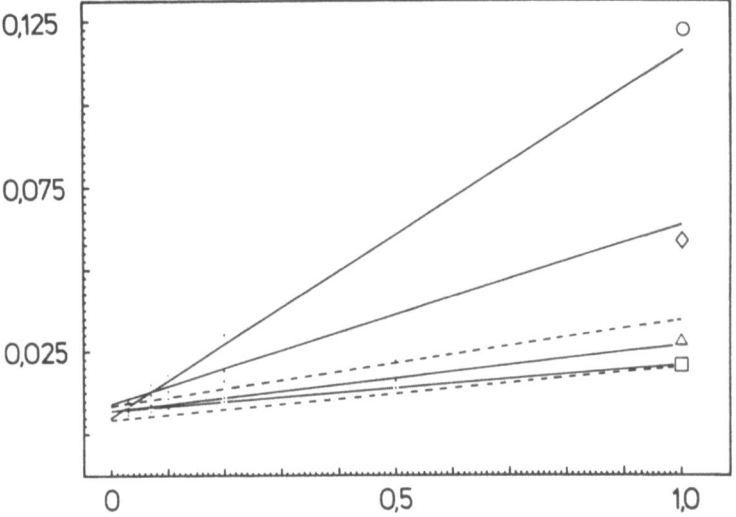

Linearisierung. Ordinate: Reziproke Auftragung des Abbaus der Dinucleosidtriphosphate in (mg Protein x $nmol^{-1}$). Abszisse: Reziproke Zeit ($min^{-1}$). Folgende Geradengleichungen wurden erhalten: (Die Grenzen des

95%igen Vertrauensbereiches sind durch die gestrichelten Geraden gekennzeichnet). (1) für $Gp_3A$ (▲): y = 0.020 (±0.005) x + 0.007 (±0.002) mit r = 0.930 bei n = 12; (2) für $2'dGp_3A$ (◊): y = 0.055 x + 0.009 mit r= 0.963 bei n = 6; (3) für $2',3'ddGp_3A$ (○): y = 0.112 x + 0.005 mit r = 0.989 bei n = 6; (4) für $2'-O-mGp_3A$ (□): y = 0.014 x + 0.007 mit r = 0.986 bei n = 6 [39, 53]


In gleicher Weise wurden Befunde mit den kappenuntypischen Dinucleosiddiphosphaten $Gp_2A$ und $Ap_2A$ erhärtet, nach denen Dinucleosidphosphate mit 5',5'-ständiger intramolekularer Triphosphatbrücke ein bevorzugtes Substrat für nucleolytische Aktivitäten des Zellkerns darstellen. Die erhaltenen experimentellen Befunde belegen, daß neben einer Triphosphatbrücke ein intaktes Ribofuranosidsystem vorliegen muß, wobei die 2',3'-cis-Diolgruppe zumindest in der 2'-Position ohne Einschränkung der Substratspezifität modifiziert - z. B. methyliert - sein kann. Die spezifische Methylierung der Kappe - vor allem in N7-Position - wiederum wirkt sich in vielen eukaryotischen Systemen positiv auf die Translatierbarkeit von mRNA aus [21 - 23, 57]. So konnte nach Zugabe von $m^7GTP$ wie von 2'-O-mGTP eine Steigerung der viralen Proteinsynthese in mit Encephalomyocarditis-Virus infizierten Mäusezellen beobachtet werden [23]. Für die Schutzwirkung ist aufgrund von Abbaubefunden mit Reoviren-mRNA gegenüber zellulären Nucleasen aus Weizenkeimextrakten dagegen die Methylierung der Kappe nicht erforderlich [31]. In dieses Bild paßt sowohl das bioisostere Abbauverhalten von $2'-O-mGp_3A$

und $Gp_3A$ als auch die Beobachtung, daß gegenüber $Gp_3A$ keine signifikant schnellere Spaltung der "Cap" O-Verbindung $m^7Gp_3A$ nachweisbar war. Die Abbaubefunde mit dem 2'-Desoxy- und vor allem dem 2',3'-Didesoxyguanosin-Derivat des $Gp_3A$ lassen deutlich erkennen, daß zumindest die intakte cis-Diolgruppe im Guanosinteil der Kappe die Substratspezifität gegenüber kappenspaltenden Nucleasen erhöht (Abb. 11). Nach den bereits beschriebenen Befunden und unter Einbeziehung der mit $m^7Gp_3A$ erhaltenen Ergebnisse ist eine kappentypische Methylierung der Dinucleosidtriphosphate für die Erkennung durch die nucleolytischen Enzyme des Zellkerns offenbar nicht notwendig.

Aus vergleichenden Untersuchungen mit dem Homogenat, der rohen Zellkernfraktion und den Zellkernen konnte eine Lokalisierung des kappenspaltenden Nucleasen im Zellkern abgeleitet werden [39,53].
Die in Abbildung 12 dargestellten Abbaukurven für $Gp_3A$ im Homogenat (▽), in der rohen Zellkernfraktion (△) und in den aufgereinigten Nuclei (▲) veranschaulichen den Anreicherungseffekt an nucleolytischer Aktivität in der gereinigten Zellkernfraktion. Die reinen Zellkerne enthielten keine auf der Aufreinigungsstufe der rohen Zellkernfraktion noch vorhandene Adenosindesaminase-Aktivität.

Abb. 12

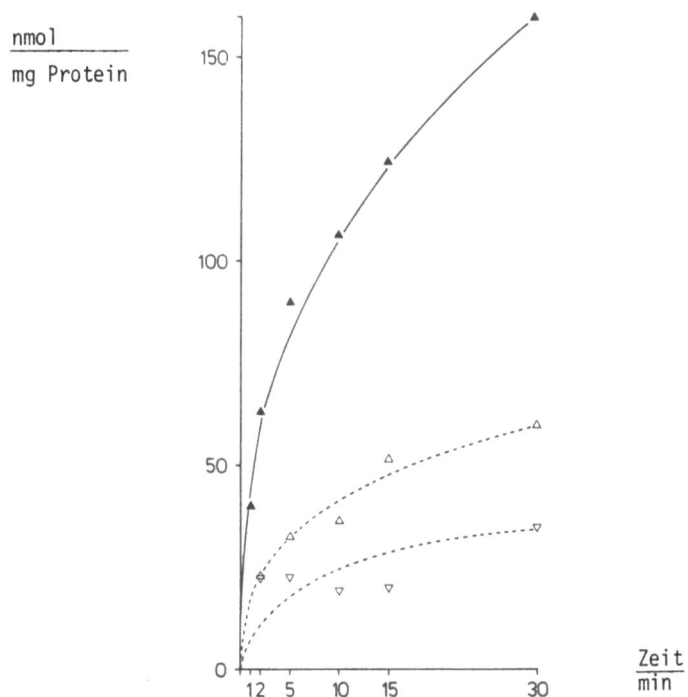

Anreicherung der nucleolytischen Aktivität in Nuclei.
Keine signifikanten Unterschiede im Abbauverhalten mit
und ohne Triton X 100-Zentrifugation. In allen Abbauexperimenten wurden 32 nmol $Gp_3[^{14}C]A$ eingesetzt.

Bisher beschriebene kappenabbauende Enzymaktivitäten
aus Tabak [58, 59], Kartoffel [60], HeLa-Tumorzelle
[61] und Hefe [62] sprechen aufgrund der entstehenden
Spaltungsprodukte von $m^7GMP$ [58 - 61] beziehungsweise
$m^7GDP$ [62] für den Spaltungsmechanismus einer Phosphatase.

Beim Abbau der Kappenanaloga wurden 5'-Mono- und

Diphosphate folgender Nucleoside nachgewiesen: Guo,
2'dGuo, 2'-O-mGuo, rroGuo, $m^7$Guo sowie Ado und rroAdo.
Es waren auch nach sehr kurzen Inkubationszeiten
(30 sec) keine Triphosphate als Spaltungsprodukte nachweisbar. Diese Befunde sprechen ebenfalls für den Abbau
durch eine nucleare Dinucleosidtriphosphatase
(E.C.3.6.1.29/30). Andererseits ist ein Phosphorylase-
oder Pyrophosphorylase-Mechanismus beim Abbau der Kappen
nicht auszuschließen, zumal die Kappensynthese unter
Freisetzung von anorganischem Phosphat bzw. Pyrophosphat
stattfindet [63 - 65]. Gegen eine Umkehrung der Bildungsreaktion, d. h. eine Pyrophosphorylase spricht allerdings der schon genannte Befund, daß Nucleosidtriphosphate
als Spaltungsprodukte nicht nachzuweisen waren.
Zur Klärung der Frage, ob die Bindungsstelle der
Dinucleosidtriphosphatase für die endständige Kappenbase guaninspezifisch ist, wurde der $Gp_3A$-Abbau mit dem
nucleolytischen Spaltungsverhalten der basensymmetrischen
Dinucleotide $Gp_3G$ (2) und $Ap_3A$ (10) verglichen [43].
Die Untersuchungen ergaben ein identisches Abbauverhalten von $Gp_3G$ und $Gp_3A$, wohingegen $Ap_3A$ doppelt so
schnell in den Rattenleberzellkernen katabolisiert wird.
Da sämtliche drei Dinucleotide den Abbau des jeweils
anderen "hemmen", ist zumindest dasselbe Enzym an der
Spaltung von $Gp_3A$, $Gp_3G$ und $Ap_3A$ beteiligt, allerdings
eine weitere $Ap_3A$-spezifische Phosphatase nicht auszuschließen.
Für die Beteiligung derselben Triphosphatase spricht
auch die gleich starke Inhibierung der Dinucleosidtriphosphate durch Guanosin-5'-phosphate, die mit der
Länge der Phosphatkette zunimmt. Bei äquimolaren Konzentrationen an GTP wird die Abbaugeschwindigkeit der Dinucleotide - unabhängig von den Purinbasen - auf die Hälfte
reduziert.

### 3.3 Abbau von Adenylyl-(5'-3')- und Adenylyl-(5'-2')-5'-adenylsäuren mit 5'-terminaler $Gp_3A$-Kappe

Um zu klären, ob die nucleare Dinucleosidtriphosphatase (E.C.3.6.1.29/30) auch als kappenspaltendes Enzym in situ in Frage kommt, wurden Abbauuntersuchungen der $Gp_3A$-tragenden Modell-RNA-Fragmente $Gp_3A3'pA$ (11), $Gp_3A3'pA$-isoprop. (12) und $Gp_3A2'pA$ (13) mit Rattenleber-Nuclei ausgeführt. Die Verwendung der unmethylierten Kappenmuttersubstanz $Gp_3A$ als 5'-Terminus der RNA-Modellverbindungen begründet sich einmal auf Angaben in der Literatur, wonach die Kappenbildung als frühes Ereignis beim RNA-Processing stattfindet [20] und zum anderen auf Untersuchungen mit Lymphocyten-Nuclei, in denen ein hoher Anteil nicht methylierter kappentragender hnRNA nachgewiesen wurde [66].
Dabei sollte geprüft werden, ob die nucleolytischen Aktivitäten des Zellkerns die $Gp_3A$-Kappe spalten können, wenn

(1) $Gp_3A$ um eine zusätzliche AMP-Einheit in 3'-Richtung verlängert wird (11);
(2) in einer solchen kappentragenden (3'-5')-Adenylsäure die 2'- und 3'-terminalen Hydroxylgruppen blockiert vorliegen (12) und
(3) $Gp_3A$ mit einer zusätzlichen AMP-Einheit in 2'-Richtung verknüpft ist (13) [67].

In die Abbauversuche wurden die in der folgenden Tabelle 3 aufgelisteten jeweils im Guanin $^3$H-markierten kappentragenden Adenylsäuren neben dem im Adenin $^{14}$C-markierten $Gp_3A$ eingesetzt.

Tabelle 3
Eingesetzte kappentragende Modell-RNA-Fragmente

| Modellverbindung | UV-Spektrum (pH7) | | spezifische Aktivität |
|---|---|---|---|
| | $\lambda$ max | $\varepsilon$ | |
| | nm | cm² x µmol$^{-1}$ | cpm x nmol$^{-1}$ |
| 1 Gp$_3$A* | 255 | 23.8 [32, 39] | 1024 |
| | | 22.4 [68] | |
| 11 *Gp$_3$A3'pA | 257 | 37.2 [46, 47] | 2302 |
| 12 *Gp$_3$A3'pA-ip | 257 | 34.5 [46, 47] | 2592 |
| 13 *Gp$_3$A2'pA | 257 | 38.7 [46, 47] | 1175 |

*radioaktiv markiert

Der Abbau der Verbindungen 1, sowie 11 - 13 mit Rattenleberzellkernen wurde unter hypotonischen Bedingungen
in 0.05 M Triethanolamin x HCl-Puffer (Tra-HCl, pH 7.2)
bei 25° C über eine maximale Inkubationszeit von 30
Minuten unter Bedingungen der Substratsättigung verfolgt.
Das hypotonische Medium führt nicht zu einer Desintegration
der verwendeten Zellkerne [39 , 53]. Inkubationsansatz:
Gesamtvolumen 150 µl; die in die jeweiligen Abbauversuche
eingesetzten Nuclei (sämtlich in Triton X 100-haltigem
Puffer - Abb. 9 - filtriert) enthielten zwischen 0.18
und 0.22 mg Protein bzw. 31.5 bis 38.5 µg DNA; die Menge

der jeweils untersuchten Modellverbindung lag bei
32 nmol je Ansatz; die Abbaukurven der verschiedenen
Adenylsäuren wurden jeweils aus drei unabhängigen
Versuchsreihen erhalten. Die weitere Auswertung erfolgte in der im Abschnitt 3.2 für die Kappenanaloga
beschriebenen Weise.

Die erhaltenen experimentellen Befunde sind im Abbaudiagramm (Abb. 13) wiedergegeben [46,67].

Abb. 13

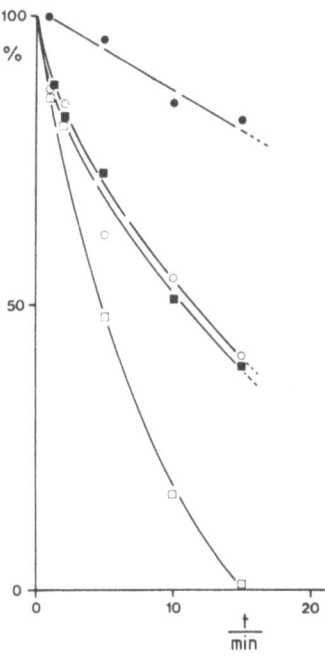

Enzymatische Spaltung der $Gp_3A$-Kappe in $Gp_3A^*$ (□),
$^*Gp_3A3'pA$ (■), $^*Gp_3A3'pA$-ip (o) und $Gp_3A2'pA$ (●) bei
Inkubation mit Rattenleber-Nuclei (* radioaktiv markiert)

Aus mehreren unabhängigen Abbaureihen wurden folgende
Abbaugeschwindigkeiten für die $Gp_3A$-Kappen in den ver-

schiedenen Modellverbindungen bestimmt (Tabelle 4)

Tabelle 4

| | Modellverbindung | Abspaltung von | Spaltungsgeschwindigkeit $\overline{\text{nmol} \times \text{min}^{-1} \times \text{mg Protein}^{-1}}$ a) |
|---|---|---|---|
| 1  | Gp$_3$A*      | *AMP, *ADP | 17.3($\pm$ 2.0) b) |
| 11 | *Gp$_3$A3'pA    | *GMP       | 8.4($\pm$ 0.4) |
| 12 | *Gp$_3$A3'pA-ip | *GMP       | 9.2($\pm$ 2.6) |
| 13 | *Gp$_3$A2'pA    | *GMP       | 0.7($\pm$ 0.5) c) |

a) während der linearen Phase des Abbaus (erste 5 min)
b) Standardabweichung ($\pm$ s)
c) korrigiert um *GMP, das aus freigesetztem *Gp$_3$A (2'-5')-Phosphodiesterase-Aktivität entstanden ist
\* radioaktiv markiert


Die enzymatische Freisetzung von GMP aus den RNA-Modellverbindungen Gp$_3$A3'pA (11) und Gp$_3$A3'pA-isoprop. (12) ist identisch, also unabhängig davon, ob die 2'-und 3'-terminalen Hydroxylgruppen für den Angriff von 3'-Exonucleasen blockiert (12) oder frei (11) vorliegen, d. h. die nucleare Gp$_3$A-spaltende Triphosphatase ist auf eine der Spaltung vorausgehende Freisetzung der Gp$_3$A-Kappe durch 3'-Exonucleasen nicht angewiesen. Ein zweites

Ergebnis ist aus dem Abbauverhalten von $Gp_3A2'pA$ (13) abzulesen. Der Verlust der Substrateigenschaft von 13 zeigt eindeutig, daß die RNA-Seite der Kappe vom Enzym "gelesen" wird. Das Enzym wird also nur bei einer RNA-typischen (3'-5')-verknüpften Kappe "angeschaltet". Dieses RNA-typische Verhalten des $Gp_3A$-spaltenden Zellkernenzyms spricht dafür, daß es am Kappenabbau kappentragender RNA im Nucleus beteiligt ist und damit zum RNA-Recycling der Rattenleberzelle beiträgt.

Auffallend ist weiterhin die etwa 50-prozentige Verringerung der Abbaugeschwindigkeit der $Gp_3A$-tragenden (3'-5')-Adenylsäuren 11 und 12 gegenüber der reinen Kappenmutterverbindung $Gp_3A$. Unter der - bisher nicht wiederlegten - Voraussetzung, daß die beobachtete enzymatische Spaltung von freiem und 5'-terminal verknüpftem $Gp_3A$ von derselben nuclearen Dinucleosidtriphosphatase katalysiert wird, läßt sich dieser Befund mit der unterschiedlichen "Seitigkeit" der Verbindungen erklären.

$Gp_3A$ ist als Dinucleosidtriphosphat bezogen auf das ß-Phosphoratom ein symmetrisches Molekül, d. h. es liegt keine "Seitigkeit" wie bei den Modell-RNA-Fragmenten $Gp_3A3'pA$ und $Gp_3A3'pA$-isoprop. vor. Diese Überlegung wird durch den Nachweis von AMP und ADP als Spaltungsprodukten gestützt. Beim $Gp_3A$ ist der enzymatische Angriff von beiden Molekülseiten her "gleichwertig" möglich, nicht dagegen bei den $Gp_3A$-tragenden (3'-5')-Adenylsäuren 11 und 12, so daß die $Gp_3A$-Spaltungsgeschwindigkeit bei den Komponenten 11 und 12 gegenüber $Gp_3A$ vermindert ist.

Eine schematische Darstellung des Spaltungsverhaltens der kappentragenden (3'-5')- und (2'-5')-Adenylsäuren wird in der folgenden Abbildung 14 gegeben.

Abb. 14

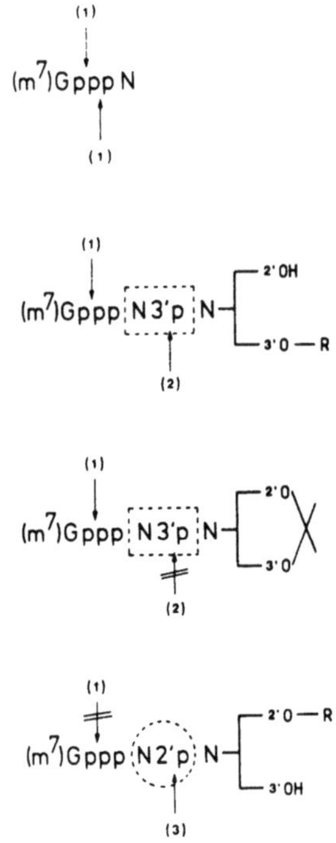

(1)
↓
$(m^7)GpppN$
↑
(1)

(1)
↓
$(m^7)Gppp\lceil N3'p \rceil N$—⟨ 2'OH / 3'O—R
↑
(2)

(1)
↓
$(m^7)Gppp\lceil N3'p \rceil N$—⟨ 2'O / 3'O ⟩ ✗
⇌
(2)

≠
$(m^7)Gppp(N2'p) N$—⟨ 2'O—R / 3'OH
↑
(3)

Schematische Darstellung des Spaltungsverhaltens von $Gp_3A$, $Gp_3A$-tragenden (3'-5')- und 2'-5')-Adenylsäuren in Rattenleber-Zellkernen (N=Ado)

Das Spaltungsverhalten dieser $Gp_3A$-tragenden Modell-RNA-Fragmente spricht wie die mit den Kappenanaloga erzielten Befunde (Kapitel 3.2) für die Wirkungsweise einer Triphosphatase.

Einige Arbeitsgruppen beschrieben - wie schon genannt - kappenspaltende Enzymaktivitäten in verschiedenen pflanzlichen und tierischen Geweben, beispielsweise in Tabak [58, 59], Kartoffeln [60], HeLa-Zellen [28, 61] und menschlicher Plazenta [69]. Das HeLa-[28]wie das aufgereinigte plazentale Enzym [69]zeigen eine deutliche Abhängigkeit ihrer kappenspaltenden Aktivität von der Länge der mit der Kappe verknüpften Nucleotidkette.

Besteht die Länge der RNA-Sequenz aus mehr als drei
Nucleotiden [69], kann die $m^7Gp_3A$-Kappe am RNA-Fragment nicht mehr hydrolysiert werden. Die Autoren
halten es deshalb für wahrscheinlich, daß das Enzym
die Kappe von der vorletzten Base, also von der
RNA-Seite her angreift; aus sterischen Gründen ist
deshalb nur eine bestimmte Kettenlänge des kappentragenden RNA-Fragmentes erlaubt.

Unsere in situ-Untersuchungen der Zellkern-Triphosphatase
mit den Modell-RNA-Fragmenten $Gp_3A3'pA$-isoprop 12 und
$Gp_3A2'pA$ 13 zeigen, daß die mit der Kappe verknüpfte
Adenylsäure "gelesen" und nur bei einer RNA-typischen
(3'-5')-Phosphordiesterbindung die Kappenhydrolyse
"angeschaltet" wird. Im Gegensatz zur Triphosphatase-
Aktivität der Rattenleberzellkerne sind für das
plazentale Enzym nicht methylierte $Gp_3A$-Kappen kein
Substrat [69]. Beide Enzyme - das isolierte plazentale
wie die in ihrer in vivo-Umgebung untersuchte nucleare
Dinucleosidtriphosphatase - arbeiten in vivo offenbar
als kappenspaltende Enzyme. Das Rattenleberenzym ist
somit aufgrund seiner weniger stark ausgeprägten
Spezifität offenbar bereits in die Abbaukaskade von
heterogener nuclearer RNA, hnRNA, einbezogen und
trägt damit zum RNA-Recycling in der Rattenleberzelle
bei.


3.4 Hemmung der $Gp_3A$-Spaltung in Gegenwart von
     Adenylyl-(5'-2')-5'-adenylsäuren


Die Zugabe von doppelsträngiger RNA zu Extrakten interferonbehandelter Zellen inhibiert die ribosomale Proteinsynthese [70 - 72]. Dieser Effekt beruht einmal auf der

Aktivierung einer Proteinkinase und zum anderen auf der
Bildung von (2'-5')-Oligoadenylsäuren des Typs
$p_3(A2'p)_nA$, (n = 1 - 14) aus ATP durch eine (2'-5')-
Oligoadenylat-Synthetase. Beide Enzyme werden durch
doppelsträngige RNA aktiviert. Die ungewöhnlich verknüpften (2'-5')-Oligoadenylsäuren steigern nun
wiederum die Aktivität einer bestimmten Endoribonuclease,
der sogenannten RNaseF, die ihrerseits einsträngige
RNA wie ribosomale RNA und Messenger-RNA abbaut [73 - 76]
und damit die Virus-Replikation in interferonbehandelten
Zellen verhindert.

Wir sind nun der Frage nachgegangen, ob (2'-5')-Oligoadenylsäuren die Aktivität von kappenspaltenden Enzymen in
Rattenleber-Zellkernen hemmen und damit nicht nur im
positiven Sinne Endonucleasen wie die RNaseF aktivieren,
die als Substrat virale gegenüber zellulärer mRNA bevorzugen, sondern gleichzeitig exonucleolytische Aktivitäten,
die wie die nucleare Dinucleosidtriphosphatase kappentragende RNA "entkappen" (siehe Kapitel 3.3), inhibieren
[46, 51].

In vivo könnte deshalb ein synergistischer Effekt vorliegen, d. h. (2'-5')-Adenylsäuren schützen den zellulären
Stoffwechsel in virusinfizierten Zellen einmal durch
Hemmung der kappenabbauenden nuclearen Triphosphatase
und zum anderen durch bevorzugten Abbau von viraler
mRNA durch die aktivierte RNaseF.

Die enzymatischen Abbauversuche wurden mit den radioaktiv*
markierten Verbindungen $Gp_3A$* (1) und der kappengeschützten (3'-5')-Adenylsäure *$Gp_3A3'pA$-isoprop. (11)
ausgeführt; und zwar in An- und Abwesenheit der verschiedenen synthetisierten (2'-5')-Oligoadenylsäuren
21 - 26 (siehe Abb. 7) mit Rattenleberzellkernen unter
Bedingungen der Substratsättigung; in einem Gesamtvolumen von 150 µl bei 25° C; die in die jeweiligen

Abbauversuche eingesetzten Zellkerne enthielten zwischen
0.14 bis 0.18 mg Protein bzw. 10.3 bis 13.2 µg DNA; die
eingesetzte Menge an $Gp_3A*$ bzw. $*Gp_3A3'pA$-isoprop. lag
wie die der jeweils getesteten (2'-5')-Adenylsäuren bei
30 nmol je Ansatz, d. h. Substrat und potentieller
Inhibitor lagen in äquimolaren Konzentrationen (200 µM)
vor. Die Ausführung und Auswertung der Versuche erfolgte
wie in den Abschnitten 3.2 und 3.3 beschrieben.
Die unter den genannten Bedingungen erhaltenen Befunde
sind in der Tabelle 5 zusammengestellt.

Tabelle 5

Abbau der Gp₃A-Kappe in Anwesenheit von (2'-5')-Adenylsäuren

| Experiment | kappentragende Modellverbindung | zugegebene (2'-5')-Adenylsäuren | (Formeln siehe Tab. 1, Abbn. 3, 7) | Spaltungsgeschwindigkeit nmol × min$^{-1}$ × mg nucleares Protein$^{-1}$ |
|---|---|---|---|---|
| 1 | Gp₃A | – | $\underline{1}$ | 11.0[a] |
| 2 | Gp₃A | p₃A(ATP) | $\underline{1}$ + ATP | 12.0 |
| 3 | Gp₃A | pA2'pA | $\underline{1}$ + $\underline{20}$ | 8.0 |
| 4 | Gp₃A | p₃A2'pA | $\underline{1}$ + $\underline{22}$ | 5.5 |
| 5 | Gp₃A | p₃A2'pA2'pA | $\underline{1}$ + $\underline{23}$ | 3.5 |
| 6 | Gp₃A | Gp₃A2'pA | $\underline{1}$ + $\underline{24}$ | 4.0[b] |
| 7 | Gp₃A3'pA-isoprop. | – | $\underline{11}$ | 7.0 |
| 8 | Gp₃A3'pA-isoprop. | p₃A2'pA2'pA | $\underline{11}$ + $\underline{23}$ | 2.0 |

a) und b) siehe Seite – 41 –

a) während der linearen Phase des Abbaus (erste 5 min);
   Vertrauensbereich 95 % ($\pm$ 2.0)

b) korrigiert um die Menge an $Gp_3A$, die durch (2'-5')-
   Phosphodiesterase-Aktivität aus $Gp_3A2'pA$ (24) und
   $Gp_3A2'pA2'pA$ (25) während der linearen Abbauphase
   freigesetzt wurde ($\leq$ 10 %)


Über die unterschiedlichen Spaltungsgeschwindigkeiten
von freiem und 5'-terminal gebundenem $Gp_3A$ wurde im
Abschnitt 3.3 ausführlich berichtet. Die experimentellen
Befunde zeigen deutlich, daß (2'-5')-Adenylsäuren mit
5'-terminaler Triphosphat-Gruppe - wie sie in den interferonbehandelten Zellen nach Zugabe doppelsträngiger
RNA vorliegen - stärker hemmen als solche (2'-5')-
Adenylsäuren, die nur eine Monophosphatgruppe am
5'-Terminus tragen. Dabei ist auffallend, daß die Hemmwirkung mit der Kettenlänge zunimmt (Experimente 5 und 8).
Für die Inhibition sind somit zumindest zwei Struktur-
eigenschaften der (2'-5')-Adenylsäuren gemeinsam verant-
wortlich, d. h. eine 5'-terminale Triphosphatgruppe
allein, wie sie im ATP (Experiment 2) vorliegt, reicht
für die Erzielung des Hemmeffektes nicht aus. Eine
Veresterung mit Guanosin zu einer Kappenstruktur ändert
die Hemmwirkung nur unwesentlich (Experiment 6). In
diesem Zusammenhang sollte noch darauf hingewiesen werden,
daß die bisher untersuchten (2'-5')-Adenylsäuren-
Phosphodiesterasen in HeLa-Zellen [77], Maus-Retikulozyten
[78], L-Zellen [79] zwar durch 3'- oder 2'-Phosphatgruppen
nicht aber durch Veresterungen am 5'-Ende, wie sie mit
Guanosin verestert in Verbindungen des Types
$Gp_3(A2'p)A_n$ (n = 1.2) vorliegen, inhibiert werden.
Die enthaltenen Befunde erbrachten den Nachweis, daß
(2'-5')-Adenylsäuren, die eine 5'-terminale Triphosphat-
oder GTP-Gruppe tragen, die Aktivität der $Gp_3A$-spaltenden

nuclearen Dinucleosidtriphosphatase hemmen. Dies gilt sowohl für die Spaltung der reinen Kappen-Muttersubstanz $Gp_3A$ wie für kappentragende (3'-5')-Adenylsäuren, die als Modell-RNA-Fragmente anzusehen sind, so daß offenbar von einer Hemmung kappenabbauender Aktivitäten gesprochen werden darf, zumal die hemmaktiven längerkettigen (2'-5')-Adenylsäuren in vivo [71, 76] gegenüber den in dieser Arbeit getesteten Verbindungen 23 und 24 überwiegen.

Ferner ist aus Arbeiten anderer Autoren bekannt, daß die durch (2'-5')-Oligoadenylsäuren aktivierte RNaseF bevorzugt UA-, UG- und UU-Sequenzen von der 3'-Seite her spaltet, weshalb die aktivierte Endonuclease bevorzugt virale mRNA angreift und dadurch indirekt die zelluläre mRNA der virusinfizierten Zellen schützt [76 und dort zitierte Literatur].

In vivo kann somit ein synergistischer Effekt auftreten, so daß der zelluläre Stoffwechsel in interferonbehandelten virusinfizierten Zellen offenbar zweifach geschützt werden kann.

## 4. Biochemische Schlußfolgerung

Unsere Untersuchungen mit isolierten Zellkernen zeigen zweifelsfrei, daß 5',5'-triphosphatverbrückte Dinucleotide wie beispielsweise $Gp_3G$, $Gp_3A$ und $Ap_3A$ sowie Oligonucleotide mit einem kappenstrukturierten 5'-Terminus wie $Gp_3A3'pA$ und $Gp_3A3'pA$-isoprop. im Zellkern, d. h. in der nativen Umgebung der nucleolytischen Enzyme, katabolisiert werden [80]. Da triphosphatverbrückte Dinucleotide bessere Substrate als diphosphatverbrückte sind, ist der Rattenleberzellkern offenbar mit einer Dinucleosidtriphosphatase (E.C. 3.6.1.29/30) ausgestattet [53, 80], die das terminale Nucleosid-5'-diphosphat aus der Kappe freisetzt. Die

Abspaltung läuft aber nur dann, wenn die Oligonucleotidkette über eine RNA-typische(3'-5')-Phosphodiesterverbindung mit der Kappe verknüpft ist [67, 80].
(2'-5')-Oligoadenylsäuren mit und ohne 5'-terminale Kappe hemmen dagegen die nucleare Triphosphatase [51] und schützen damit wahrscheinlich insbesondere den zellulären Wirtstoffwechsel in virusinfizierten Zellen.

Die höhere Abbaugeschwindigkeit von $Gp_3A$ gegenüber den Modell-RNA-Fragmenten $Gp_3A3'pA$ und $Gp_3A3'pA$-isoprop. beruht einmal auf der Seitigkeit der Triphosphatase und zum anderen auf der offenbar nicht guaninspezifisch strukturierten Bindungsstelle für die endständige Base, so daß auch adeninhaltige Dinucleosidtriphosphate von der unsymmetrischen Dinucleosidtriphosphatase abgebaut werden. Dieser Befund wird durch das identische Abbauverhalten von $Gp_3A$ und $Gp_3G$ gestützt. Da die Dinucleosidtriphosphate $Gp_3G$, $Gp_3A$ und $Ap_3A$ den Abbau des jeweils anderen Dinucleotids "hemmen", ist dasselbe Enzym am Abbau aller Dinucleosidtriphosphate beteiligt und der "Hemmeffekt" als Substratkonkurrenz um die nucleare Triphosphatase zu interpretieren.
Beim $Ap_3A$-Abbau ist aber die Beteiligung einer weiteren Phosphatase nicht auszuschließen, zumal auch die $Ap_3A$-Abbaugeschwindigkeit etwa doppelt so groß wie die für $Gp_3G$ und $Gp_3A$ ist. Allerdings können auch basenbedingte Unterschiede im intramolekularen Stapelungsverhalten ("stacking") der Dinucleotide [81] das enzymatische Abbauverhalten beeinflussen. Auf der anderen Seite wurde beispielsweise im Blutplasma eine $Ap_3A$-spezifische Phosphohydrolase ebenso nachgewiesen [82 - 84] wie eine unspezifische Dinucleosidtetraphosphatase in Rattenleber, die auch 5',5'-triphosphat-, diphosphat- und monophosphatverknüpfte Dinucleotide spaltet [83, 85].
Interessant ist die Beobachtung, daß der Abbau der Dinucleosidtriphosphate durch Guanosin-5'-phosphate gehemmt wird, und dieser Effekt mit der Länge der Phosphat-

kette bis zum Guanosin-5'-tetraphosphat zunimmt.
Adeninnucleotide dagegen inhibieren nicht. Denkbar ist
eine Steuerung der durch Guanyltransferasen katalysierten
Kappenbildung und dem Abbau kappentragenden RNA im Zellkern über die Konzentration an freien Guaninnucleotiden.

Die bisher erarbeiteten Ergebnisse lassen den Schluß zu,
daß die im Rattenleberzellkern nachgewiesene Dinucleosidtriphosphatase aufgrund ihrer gegenüber der plazentalen
Triphosphatase [67] weniger stark ausgeprägten Spezifität
gegenüber methylierten Kappen offenbar in die Abbaukaskade
von nuclearer RNA einbezogen ist und damit zum RNA-Recycling
in der Rattenleberzelle beiträgt.

## 5. Literatur

1 A.K. Banerjee (1980) Microbiol. Rev. <u>44</u>, 175
2 a J.T. Knowler (1982) Biochem. Educ. <u>10</u>, 130
  b M. Kozak (1983) Microbiol. Rev. <u>47</u>, 1
3 J.E. Darnell (1983) Spektrum der Wissenschaft, Heft 12, 98
4 J.R. Nevins (1983) Ann. Rev. Biochem. <u>52</u>, 441
5 N.J. Proudfoot & G.G. Brownlee (1976) Nature <u>263</u>, 211
6 G. Bawerman (1974) Ann. Rev. Biochem. <u>43</u>, 621
7 U.Z. Littauer & H. Soreq (1982) Progr. Nucl. Acid Res. Mol. Biol. <u>27</u>, 53
8 T.S. Rochoi, R. Reddy, Y.C. Choi, N.B. Raj & D. Henning (1974) Fed. Proc. <u>33</u>, 1548
9 F. Rottman, A.J. Shatkin & R.P. Perry (1974) Cell <u>3</u>, 197
10 J.M. Adams & S. Cory (1975) Nature <u>255</u>, 28
11 C.M. Wei & B. Moss (1975) Proc. Natl. Acad. Sci (USA) <u>72</u>, 318
12 Y. Furuichi, M. Morgan, S. Muthukrishnan & A.J. Shatkin (1975) Proc. Natl. Acad. Sci. (USA) <u>72</u>, 362
13 Y. Furuichi & K. Miura (1975) Nature <u>253</u>, 374
14 C.M. Wei, A. Gershowitz & B. Moss (1975) Cell <u>4</u>, 379
15 R.P. Perry, D.E. Kelley, K. Frederici & F. Rottman (1975) Cell <u>4</u>, 387
16 G. Abraham, D.P. Rhodes & A.K. Banerjee (1975) Cell <u>5</u>, 51
17 R.P. Perry, D.E. Kelley, K. Frederici & F. Rottman (1975) Cell <u>6</u>, 13
18 R.C. Desrosiers, K. Frederici & F. Rottman (1975) Biochemistry <u>14</u>, 4367
19 Y. Furuichi, S. Muthukrishnan, J. Tomasz & A.J. Shatkin (1976) J. Biol. Chem. <u>251</u>, 5043
20 O. Hagenbüchle & U. Schibler (1981) Proc. Natl. Acad. Sci (USA) <u>78</u>, 2283
21 G.W. Both, Y. Furuichi, S. Muthukrishnan & A.J. Shatkin (1975) Cell <u>6</u>, 185
22 W. Filipowicz (1978) FEBS Lett. <u>96</u>, 1

23    B.L. Adams, M. Morgan, S. Muthukrishnan, S.M. Hecht & A.J. Shatkin (1978) J. Biol. Chem. $\underline{253}$, 2589

24    K. Miura (1981) Adv. Biophys. $\underline{14}$, 205

25    J.A. Grifo, S.M. Tahara, M.A. Morgan, A.J. Shatkin & W.C. Merrick (1983) J. Biol. Chem. $\underline{258}$, 5804

26    K. Shimotohno, Y. Kodama, J. Hashimoto & K. Miura (1977) Proc. Natl. Acad. Sci. ( USA ) $\underline{74}$, 2734

27    A. Stevens (1980) Biochem. Biophys. Res. Commun. $\underline{96}$, 1150

28    D.L. Nuss & Y. Furuichi (1977) J. Biol. Chem. $\underline{252}$, 2815

29    A. Wodnar-Filipowicz, E. Szczesna, M. Zan-Kowalczeweska, S. Muthukrishnan, U. Szybiak, A.B. Legocki & W. Filipowicz (1978) Eur. J. Biochem. $\underline{92}$, 69

30    G.C. Lavers (1977) Molec. Biol. Reports $\underline{3}$, 413

31    Y. Furuichi, A. LaFiandra & A.J. Shatkin (1977) Nature $\underline{266}$, 235

32    S. Bornemann & E. Schlimme (1981) Z. Naturforsch. $\underline{36c}$, 135

33    H.A. Staab (1957) Liebigs Ann. Chem. $\underline{609}$, 75

34 a  F. Cramer, H. Schaller & H.A. Staab (1961) Chem. Ber. $\underline{94}$, 1612

   b  H. Schaller, H.A. Staab & F. Cramer (1961) Chem. Ber. $\underline{94}$, 1621

35    D.E. Hoard & D.G. Ott (1965) J. Am. Chem. Soc. $\underline{87}$, 1785

36    K.-S. Boos (1977) Dissertation, Techn. Univ. Hannover

37    A. Michelson (1964) Biochim. Biophys. Acta $\underline{91}$, 1

38    H.G. Khorana & A.R. Todd ($\underline{1953}$) J. Chem. Soc. 2257

39    S. Bornemann (1981) Dissertation, Univ.-GH-Paderborn

40    S. Bornemann & E. Schlimme (1980) Z. Naturforsch. $\underline{35c}$, 57

41  T. Mukaiyama & M. Hashimoto (1972) J. Am. Chem. Soc. 94, 8528
42  K.K. Ogilvie, N.Y. Theriault, J. M. Siefert, R.T. Pon & M.J. Nemmer (1980) Can. J. Chem. 58, 2686
43  J. Clawin (1984) Diplomarbeit, Univ.-GH-Paderborn
44  T. Hata, M. Sekine, S. Honda & T. Kamimura (1980) Nucleic Acids Res., Symp. Ser. No. 7, 151
45  C.B. Reese (1978) Tetrahedron 34, 3143
46  W. Michels (1983) Dissertation, Univ.-GH-Paderborn
47  W. Michels & E. Schlimme (1984) Liebigs Ann. Chem., 867
48  S.L. Finnan, A. Varshney & R.L. Letsinger (1980) Nucleic Acids Res., Symp. Ser. No. 7, 133
49  H. Sawai, T. Shibata & M. Ohno (1979) Tetrahedron Lett. 47, 4573
50  R. Lohrmann & L.E. Orgel (1978) Tetrahedron 34, 853
51  W. Michels & E. Schlimme (1983) Z. Naturforsch. 38c, 631
52  P.W. Jungblut, E. Kallweit, W. Sierralat, A.J. Truitt & R.K. Wagner (1978) Hoppe-Seyler's Z. Physiol. Chem. 359, 1259
53  S. Bornemann & E. Schlimme (1982) Z. Naturforsch. 37c, 818
54  K. Burton (1956) Biochem. J. 62, 315
55  E. Weiss (1979) Dissertation, Univ. Tübingen
56  H. Harris (1963) Nature 198, 184
57  M.M. Winkler, G. Bruening & J.W.B. Hershey (1983) Eur. J. Biochem. 137, 227
58  H. Shinshi, M. Miwa, T. Sugimura, K. Shimotohno & K. Miura (1976) FEBS Lett. 65, 254
59  K. Yamaguchi, Y. Miura & K. Miura (1982) FEBS Lett. 139, 197
60  R. Kole, H. Sierakowska & D. Shugar (1976) Biochim. Biophys. Acta 438, 540
61  D.L. Nuss, Y. Furuichi, G. Koch & A.J. Shatkin (1975) Cell 6, 21

62 a A. Stevens (1980) J. Biol. Chem. <u>255</u>, 3080
   b A. Stevens (1980) Biochem. Biophys. Res. Commun. <u>96</u>, 1150
63 U. Schibler & R.P. Perry (1976) Cell <u>9</u>, 121
64 K. Shimotohno & K. Miura (1976) FEBS Lett <u>64</u>, 204
65 G. Monroy, E. Spencer & J. Hurwitz (1978) J. Biol. Chem. <u>253</u>, 4490
66 B. Grunert & K.P. Schäfer (1982) Exp. Cell Res. <u>140</u>, 137
67 W. Michels & E. Schlimme (1984) FEBS Lett. <u>166</u>, 57
68 T. Hata, I. Nakagawa, K. Shimotohno K. Miura, Chem. Lett. <u>1976</u>, 987
69 D.L. Nuss, R.E. Altschuler & A.J. Peterson (1982) J. Biol. Chem. <u>257</u>, 6224
70 I.M. Kerr, E.R. Brown & L.A. Ball, (1974) Nature (London) <u>250</u>, 57
71 M. Knight, P.J. Cayley, R.H. Silverman, D.H. Wreschner, C.S. Gilbert, R.E. Brown & I.M. Kerr, (1980) Nature (London) <u>288</u>, 189
72 I.M. Kerr & R.E. Brown (1978) Proc. Natl. Acad. Sci. ( USA ) <u>75</u>, 256
73 P.J. Farrel, G.C. Sen, M.F. Dubois, L. Ratner, E. Slattery & P. Lengyel (1978) Proc. Natl. Acad. Sci. ( USA ) <u>75</u>, 5893
74 M.J. Clemens & B.R.G. Williams, (1978) Cell <u>13</u>, 565
75 C. Baglioni, M.S. Minks & P.A. Maroney (1978) Nature (London) <u>273</u>, 684
76 G.C. Sen, (1982) Progr. Nucl. Acid Res. Mol. Biol. <u>27</u>, 105
77 M.A. Minks, S. Bevin, P.A. Maroney & C. Baglioni (1979) Nucleic Acids Res. <u>6</u>, 767
78 A. Schmidt, A. Zilberstein, L. Shulman, P. Federman, H. Berissi & M. Revel, (1978) FEBS Lett. <u>95</u>, 257
79 A. Schmidt, Y. Chernajovsky, L. Shulman, P. Federman, H. Berissi & M. Revel (1979) Proc. Natl. Acad. Sci. ( USA ) <u>76</u>, 4788

80    E. Schlimme, S. Bornemann & W. Michels
      (1984) Hoppe-Syler's. Z. Physiol Chem. 365,
      601
81    E. Holler, B. Holmquist, B.L. Vallee, K. Taneja
      & P. Zamecnik (1983) Biochemistry 22, 4924
82    J. Lüthje & A. Ogilvie (1983) Biochem. Biophys.
      Res. Commun. 115, 253
83    M.A.G. Sillero, R. Villalba, A. Moreno,
      M. Quintanilla, C.D. Lobaton & A. Sillero (1977)
      Eur. J. Biochem. 76, 331
84    A. Ogilvie & W. Antl (1983) J. Biol. Chem. 258, 4105
85    J.C. Cameselle, M.J. Costas, M.A.G. Sillero &
      A. Sillero (1982) Biochem. J. 201, 405

# FORSCHUNGSBERICHTE
## des Landes Nordrhein-Westfalen

*Herausgegeben*
*vom Minister für Wissenschaft und Forschung*

Die „Forschungsberichte des Landes Nordrhein-Westfalen" sind in zwölf Fachgruppen gegliedert:

Geisteswissenschaften

Wirtschafts- und Sozialwissenschaften

Mathematik / Informatik

Physik / Chemie / Biologie

Medizin

Umwelt / Verkehr

Bau / Steine / Erden

Bergbau / Energie

Elektrotechnik / Optik

Maschinenbau / Verfahrenstechnik

Hüttenwesen / Werkstoffkunde

Textilforschung

SPRINGER FACHMEDIEN WIESBADEN GMBH
5090 Leverkusen 3 · Postfach 30 06 20

MIX
Papier aus verantwortungsvollen Quellen
Paper from responsible sources
FSC® C105338

If you have any concerns about our products,
you can contact us on
**ProductSafety@springernature.com**

In case Publisher is established outside the EU,
the EU authorized representative is:
**Springer Nature Customer Service Center GmbH**
**Europaplatz 3, 69115 Heidelberg, Germany**

Printed by Libri Plureos GmbH
in Hamburg, Germany